Schriftenreihe des
Österreichischen Wasserwirtschaftsverbandes
Heft 25

# Abwasserwirtschaft in Österreich

Von

Dipl.-Ing. Dr. **Reinhard Liepolt**

Direktor der Bundesanstalt für Wasserbiologie und Abwasserforschung

Wien-Kaisermühlen

Mit 5 Textabbildungen

# Die Abwasserwirtschaft in Kärnten

Von

Oberbaurat Dipl.-Ing. Otto Koziel

Klagenfurt

Mit 5 Textabbildungen

Wien

Springer-Verlag

1953

ISBN-13: 978-3-211-80317-2     e-ISBN-13: 978-3-7091-5525-7
DOI: 10.1007/978-3-7091-5525-7

Sonderabdruck aus
„Österreichische Wasserwirtschaft"
Heft 8/9, Jahrg. 5 (1953)

Alle Rechte, insbesondere das der Übersetzung
in fremde Sprachen, vorbehalten

# Vorwort

In dem vorliegenden Heft unserer Schriftenreihe werden zwei Vorträge, die anläßlich der Wasserwirtschaftstagung 1953 in Velden am Wörthersee gehalten wurden und die sich mit aktuellen Problemen der Abwasserwirtschaft beschäftigt haben, wiedergegeben.

Unser Ehrenpräsident Staatssekretär a. D. Stepski-Doliva führte diesbezüglich in seiner Eröffnungsansprache anläßlich dieser Tagung folgendes aus:

„Augenblicklich bereiten uns die Reinhaltung der Gewässer sowie die Abwasserfragen die schwersten Sorgen. Wir müssen uns mit aller Energie bemühen, wenigstens das Notwendigste vorzukehren, um nicht in kritische, unvermeidliche Situationen zu kommen.

Der Wichtigkeit dieser Probleme Rechnung tragend, werden sich von fünf der vorgesehenen Vorträge zwei ausschließlich mit der Reinhaltung der Gewässer befassen.

Damit ist aber noch nicht alles getan. Die tatkräftigste Unterstützung und Förderung der Arbeiten der im Dezember 1952 umgebildeten „Fachgruppe Abwasserwirtschaft" wird jetzt unsere wichtigste Aufgabe sein. Der Vorstand beschloß, ehestens entsprechende organisatorische Verbesserungen in die Wege zu leiten, um die zahlreich neu anfallenden Aufgaben ohne Vernachlässigung der bisherigen mit Erfolg bewältigen zu können. Jedenfalls bitten wir die durch die Wasserverunreinigung aktiv oder passiv Betroffenen, insbesondere Städte und Gemeinden, Industrie und Gewerbe, Landwirtschaft und Fischerei, sich an den Arbeiten unserer Abwasserfachgruppe tatkräftig zu beteiligen."

Es entspricht der immer wieder betonten Auffassung des Verbandes, die Belange aller Sparten der Wasserwirtschaft zu betreuen und zunächst in seinem Rahmen auszugleichen, also keinerlei einseitige Interessen zu vertreten, und nur Partei zu sein für das Gedeihen der Wasserwirtschaft als große übergeordnete Einheit.

Der geschäftsführende Vizepräsident:
O. Vas

# Inhaltsverzeichnis

| | Seite |
|---|---|
| **Abwasserwirtschaft in Österreich** | 1 |
| Gewässer | 2 |
| Siedlungen | 4 |
| Gewerbliche und industrielle Betriebe | 7 |
| Abwasserreinigungsanlagen | 9 |
| Wasserrechtsverhältnisse | 15 |
| Abwasseruntersuchungsstellen | 18 |
| Organisation | 20 |
| **Die Abwasserwirtschaft in Kärnten** | 23 |
| 1. Charakteristik der Gewässer Kärntens | 23 |
| 2. Siedlung und Industrie | 27 |
| 3. Charakteristik der Abwässer | 30 |
| 4. Derzeitige Belastung der Gewässer | 34 |
| 5. Bereits getroffene Maßnahmen | 39 |

## Abwasserwirtschaft in Österreich

Es ist sicherlich kein günstiges Zeichen der Zeit, wenn auf der Tagung des ÖWWV der Abwasserwirtschaft ein weites Feld eingeräumt werden mußte. Aber wenn Österreich sich seinen guten Ruf als Kulturstaat erhalten will, so darf es eben an jenen Fragen, die den Lebensnerv seines Volkes berühren, nicht achtlos vorbeigehen. Die Gesunderhaltung von Mensch und Tier hängt von nichts so sehr ab wie von einer einwandfreien Wasserversorgung und einer geregelten Abwasserbeseitigung. Vorausschauende Planung aller Berufenen auf diesem Gebiete und die Reinhaltung der Grund- und Tagwässer sind auch die Voraussetzung für eine günstige wirtschaftliche, gewerbliche und industrielle Entwicklung. Immer stärker werdende Alarmrufe aus unseren Nachbarländern, daß diese Entwicklung bereits in lebensbedrohendem Ausmaße Störungen durch Mangel an gesundem Wasser erleidet, lassen uns aufhorchen, selbstbesinnen und Vergleiche ziehen. Es ist daher allerhöchste Zeit, daß auch wir uns die Frage nach dem Stand der österreichischen Verhältnisse vorlegen, zu einer klaren Übersicht drängen und prüfen, ob nicht in manchem sich bereits eine empfindliche negative Entwicklung bemerkbar macht. Denn uns käme der Vorteil zugute, aus dem Schaden der anderen noch rechtzeitig zu lernen.

Darum sei es gestattet, im Rahmen dieser Tagung einen allgemeinen Überblick über den gegenwärtigen Zustand unserer heimischen Gewässer, über die Lage der Abwasserwirtschaft und die hierzulande erforderlichen Reinhaltungsmaßnahmen zu geben.

## Gewässer

Um es vorwegzunehmen: Österreich ist mit seinen schnellfließenden Gebirgsbächen und Voralpenflüssen, seinem wasserreichen Donaustrom und den verhältnismäßig gering besiedelten alpinen Seen im Vergleiche zum Auslande im allgemeinen günstiger daran. Die Mehrzahl der gut durchlüfteten Fließgewässer besitzt eine biologische Selbstreinigungskraft, die sie vor allem dem Sauerstoffreichtum verdankt. Es besteht somit weniger die Gefahr, daß durch die Einleitung sauerstoffzehrender, organischer Substanzen die Gewässer „umzukippen" beginnen, d. h. daß der biologische Abbau zum völligen Sauerstoffschwund führt, sondern, daß Schädigungen des Gemeingebrauches, der Fischerei und der Wasserversorgung auftreten sei es durch Einleitung verseuchter, nicht genügend gereinigter bzw. nicht entkeimter Abwässer aus Siedlungen, Krankenhäusern, Schlachthöfen, Tierkörperverwertungsanstalten und Gerbereien, sei es durch die Einbringung antibiotischer Giftstoffe, wie gewisser Metallsalze, Säuren, Phenole, Chlor usw. oder solcher Fremdstoffe, die eine Verpilzung der Flußbette, eine Verölung und Verödung der Gewässer und eine erhebliche Änderung ihrer physikalisch-chemischen Eigenschaften hervorrufen; und Abwasserschäden werden leider nur allzuoft besonders vom Gesundheitsdienst, von der Fischerei, aber auch bereits von der Industrie und dem Gewerbe gemeldet. Soweit die bisherigen Unterlagen es zulassen, soll zunächst von den folgenden Fließgewässern eine grobe Übersicht über ihre gegenwärtige Belastung mit häuslichen, gewerblichen und industriellen Abwässern gegeben werden:

Der Donaustrom nimmt in Oberösterreich Abwasser von 139 000, in Niederösterreich von 80 400 und in Wien von 1 445 000, zusammen also Fäkalstoffe von 1 604 400 Menschen seiner Ufergemeinden auf. Nach einer vom Bundesstrombauamt in dankenswerter Weise zur Verfügung gestellten 1953 erfolgten Erhebung leiten außerdem in Oberösterreich 11 (davon 9 direkt) bzw. in Niederösterreich 15 (6), zusammen 26 (15) mehr oder weniger große Betriebe, darunter je eine Brauerei, Papierfabrik, Stärkefabrik und je drei Zuckerfabriken und Erdölbetriebe ihre nicht oder nur mangelhaft gereinigten Abwässer ein. Solche Verschmutzungen sind auf kürzeren aber auch sehr langen Strecken, z. B. unterhalb Wiens grobsinnlich deutlich wahrnehmbar und gefährdend. Bei der Verbauung des Stromes muß auf diese Verunreinigung besonders Rücksicht genommen werden.

Einer der am schwersten belasteten Voralpenflüsse ist die Mur. Sie muß außer den städtischen Abfallprodukten der zahlreichen Industrieorte und der Landeshauptstadt Graz Abwässer von acht Papierfabriken, vier Eisenwerken und einer Kohlenwäsche aufnehmen, ebenso die in ihrem Unterlauf bereits stark verunreinigte Mürz mit den Abwässern von fünf eisenverarbeitenden Industrien. Nach den Untersuchungen Stundls[1] 1948 hat die Verunreinigung der Mur ein Ausmaß erlangt, das stellen- und zeitweise die Grenze des Selbstreinigungsvermögens erreicht und auch überschreitet.

Auch andere Gewässer, wie Ager, Traun, March, Liesingbach, Schwechat, Leitha, Gurk, Gailitz, Drau, Lavant, Vellach, Salzach, Inn, Dornbirner-Ache sowie Traunsee, Zellersee und Bodensee, um nur die wichtigsten Beispiele zu nennen, sind bereits mehr oder weniger durch gewerbliche, industrielle und städtische Abwässer schwer oder schwerstens belastet.

Hiezu treten weiters eine Unmenge kleinerer Gerinne, die infolge ihrer schwachen Wasserführung nicht in der Lage sind, oft hochkonzentrierte, leicht zersetzliche organische Abfallstoffe gewerblicher Unternehmungen (Schlächtereien, Molkereien) aufzunehmen.

---

[1] Stundl, K.: Die Mur — ein Industriefluß. ÖWW, 2, H. 5/6, 1950.

**Siedlungen**

Es mag für viele erstaunlich sein, zu erfahren, daß sämtliche Landeshauptstädte Österreichs und die Bundeshauptstadt Wien die Abwässer in nicht gereinigtem Zustande in ihre nächsten Vorfluter einleiten. Bis jetzt hat nur Wien einen erfreulichen Anfang gemacht und für die südlichen Randgemeinden zur Entlastung des a. o. verunreinigten Liesingbaches in jüngster Zeit eine moderne Kläranlage mit Hochleistungstropfkörper in Betrieb

Abb. 1. Hygienisch unverantwortliche Fäkalbeseitigungsanlage am Pinkafluß in Sinnersdorf, Oststeiermark

genommen, an der etwa 20 000 Einwohner zur Zeit angeschlossen sind. Die anderen Hauptstädte sind aus dem Projektstadium noch nicht herausgekommen. Hingegen besitzen eine geringe Anzahl kleinerer Städte und Gemeinden Reinigungsanlagen, über die noch Näheres ausgeführt werden wird. Man kann also ruhig sagen, daß praktisch der gesamte Unrat der Bevölkerung Österreichs unseren Gewässern überantwortet wird.

Was dies vor allem in hygienischer Hinsicht bedeutet, glaube ich damit zum Ausdruck zu bringen, daß in den Jahren 1945 bis 1952 im benachbarten deutschen Bundesgebiet 7378 Erkrankungen an Typhus und Paratyphus mit

440 Todesfällen (6%) durch verseuchte Trinkwässer verursacht wurden[2]. Leider läßt sich auch ein warnendes Beispiel aus der oststeirischen Gemeinde Hartberg anführen, in der 1946 allein etwa 900 Typhuserkrankungen mit 91 Todesfällen auftraten. Heute verfügt diese Stadt bereits über eine moderne zentrale Abwasserbeseitigungsanlage. Dies kostete 4,5 Mio Schilling. Der Wert von 91 Menschenleben läßt sich nicht in Schillingen bemessen. Waren diese Opfer notwendig? Auch die Typhusepidemie in Ybbs 1951 erfaßte 312 Personen, wovon 21 (6,7%) erlagen. Als Infektionsherd konnte die gemeinsame Küche der drei betroffenen Anstalten festgestellt werden. Krankheitsträger war ein Zögling.

Abb. 2. Sanitätswidrige Abortanlage am Gröbmingbach, Steiermark

Die Gesundheit vieler Menschen kann von einem Bazillenausscheider in höchstem Maße gefährdet werden. Eine hygienisch einwandfreie Trinkwasserversorgung und Abwasserbeseitigung ist daher in jedem Falle unerläßlich, ganz besonders aber in Siedlungen mit größerer Wohndichte. Um sich in diesem Zusammenhang ein Bild über die Verteilung der Bevölkerung Österreichs machen zu können, sei in Tab. 1 auf die letzten Ergebnisse der Volkszählung aus dem Jahre 1951 verwiesen. Demnach leben 2 983 214 Menschen, das sind 43% der gesamten Bevölkerung Österreichs, in 36 Gemeinden von über 10 000 Einwohnern, das sind 9% von insgesamt 4039 Gemeinden.

---

[2] „Abwasser-Dienst", 4, H. 5, 1953.

Tabelle 1. Österreichische Gemeinden- und Einwohnerzahlen nach Angaben des Statistischen Zentralamtes, Stichtag: Juni 1951

| Einwohner | Gemeinden | Gesamtbewohner |
|---|---|---|
| unter 100 | 58 | 4 664 |
| 101— 200 | 344 | 53 077 |
| 201— 500 | 1262 | 428 219 |
| 501— 1 000 | 1075 | 770 044 |
| 1 001— 2 000 | 800 | 1 126 740 |
| 2 001— 2 500 | 167 | 372 923 |
| 2 501— 3 000 | 95 | 257 339 |
| 3 001— 4 000 | 102 | 349 882 |
| 4 001— 5 000 | 36 | 160 175 |
| 5 001— 10 000 | 64 | 427 628 |
| 10 001— 20 000 | 19 | 225 556 |
| 20 001— 50 000 | 11 | 319 654 |
| 50 001—100 000 | 2 | 157 837 |
| über 100 000 | 4 | 2 280 167 |
|  | 4039 | 6 933 905 |

Eine solche Zusammenballung der Menschen in den größeren Gemeinden verpflichtet uns zu ganz besonderen hygienischen Vorsichtsmaßnahmen. Speziell unsere Landeshauptstädte haben, bis auf Eisenstadt, in den letzten Jahrzehnten eine enorme Entwicklung durchgemacht, wie aus Tab. 2

Tabelle 2. Zunahme der Bevölkerung in Wien und in den Landeshauptstädten

|  | 1951** | 1934** | 1923** | 1900* | 1869* |
|---|---|---|---|---|---|
| Wien..... | 1 766 102 | 2 086 815 | 2 058 478 | 1 674 957 | 607 514 |
| Linz...... | 184 685 | 115 338 | 107 463 | 58 791 | 30 538 |
| Salzburg .. | 102 927 | 69 767 | 61 189 | 33 067 | 20 336 |
| Bregenz... | 20 277 | 14 836 | 13 098 | 7 594 | 3 686 |
| Klagenfurt | 62 782 | 48 973 | 39 907 | 24 284 | 15 285 |
| Graz ..... | 226 453 | 210 845 | 199 578 | 138 080 | 81 119 |
| Innsbruck. | 95 055 | 78 797 | 70 240 | 26 866 | 16 324 |
| Eisenstadt. | 5 464 | 6 597 | 4 767 | 3 067 | — |
|  | 2 463 745 | 2 631 968 | 2 554 720 | 1 966 706 | 774 802 |

\* Angabe des Statistischen Zentralamtes.
\*\* Nach dem Ortsverzeichnis von Österreich 1953.

hervorgeht. Die Städte sind somit in den letzten 84 Jahren auf das Drei- bis Sechsfache angewachsen. Die gesamte Bevölkerung der genannten acht Hauptstädte umfaßte 1951 2463 745 Einwohner, d. s. 35,5 %. Die Zunahme seit 1900 beträgt 497 039, d. s. rund 25 % bzw. ohne Wien 405 894 oder 142 %.

Aber auch einzelne Landstriche Österreichs weisen heute eine Bevölkerungsdichte auf, die weit über jener vieler Industriegebiete liegt. So leben z. B. im Raume Rheintal-Walgau drei Viertel der Bevölkerung Vorarlbergs, d. s. 150 000 Menschen auf kaum 280 km² Bodenfläche oder 536 Einwohner pro km². Diese Bevölkerungsdichte wird nur noch von jener des Ruhrgebietes mit 1000 E/km² übertroffen.

Der westlichste Teil Österreichs zählt somit zu den dichtest besiedelten Gebieten der Erde. Wenn man weiter bedenkt, daß gerade in diesem Lande die Entwicklung der industriellen Unternehmungen einen außerordentlichen hohen Stand erreicht hat, so kann man daraus die Bedeutung des gesamten Fragenkomplexes ermessen.

### Gewerbliche und industrielle Betriebe

In Österreich überwiegen jene gewerblichen und industriellen Unternehmungen, die vorwiegend organische, zersetzliche Abfallstoffe in die Gewässer einbringen. Nach den bisher der Bundesanstalt zugegangenen Unterlagen, die keineswegs als vollständig bezeichnet werden können, sind dies im wesentlichen zahlenmäßig der Reihe nach:

   418 Textilwerke einschließlich Färbereien
   350 Molkereien
   192 Gerbereien und Lederfärbereien
    99 Brauereien
    90 Papierindustriebetriebe
    89 Wachs-, Fett- und Seifenfabriken

46 Rohöl-Petroleumraff. und Erdgasbetriebe
7 Zuckerfabriken
7 Holzfaserplattenfabriken
3 Stärkefabriken

Zur zweiten Gruppe der Verunreiniger zählen die zahlenmäßig zurücktretenden, vorwiegend **anorganische Abwässer** ablassenden Betriebe. Hiezu gehören:

23 Hüttenwerke
24 Gaswerke und Betriebe der Glühlichtindustrie
68 Stein- und Braunkohlenwerke
82 Sonstige Bergwerksbetriebe

Unter letzteren beeinträchtigen besonders jene den Vorfluter, die nach dem Flotationsschlammverfahren arbeiten und weite Gewässerstrecken durch ihre feinsten Ablagerungen ausgesprochen veröden wie z. B. gewisse Blei- und Magnesitbergwerke.

Ebenso schädlich für jegliches Leben im Wasser sind die Unternehmungen mit **biologisch giftig wirkenden Abwässern**. Es sind dies die zahlreichen chemischen und metallverarbeitenden Betriebe, die ihren Sitz vor allem in Wien, Niederösterreich, Oberösterreich und Steiermark haben.

Und der vierten Gruppe müssen jene Anlagen zugehörig bezeichnet werden, deren Abwässer zeitweise oder dauernd **Krankheitskeime** in konzentrierter Menge enthalten. Diese stammen von den Schlachthäusern und Tierkörperverwertungsanstalten, von den Gerbereien und Pelzzurichtereien sowie von den Infektionsabteilungen und, in besonders gefährlichem Maße, von den bakteriologisch-serologischen Laboratorien. Wenn man bedenkt, daß Österreich mit Stand vom 31. Dezember 1952 283 Heil- und Pflegeanstalten mit 64 437 Betten besitzt[3] — die genaue Zahl für

---

[3] Khaum, A.: Die Amtstätigkeit der Sektion V (Volksgesundheitsamt) des Bundesministeriums für soziale Verwaltung im Jahre 1952.

die Infektionsabteilungen wird noch erhoben —, und wenn man weiters bedenkt, daß in den wenigsten Fällen bei oben genannten Anlagen genügend

Abb. 3. Einleitung von Flotationsabwässern in den Riegerbach, Kärnten

wirksame Desinfektionen vorgenommen werden, so kann man allein daraus die unermeßliche Gefahr erkennen, der Mensch und Tier am Wasser ständig ausgesetzt sind.

## Abwasserreinigungsanlagen

Vorher wurde erwähnt, daß wenige Gemeinden Österreichs bereits zentrale Kläranlagen besitzen und in Betrieb haben. Es ist vielleicht nicht uninteressant, diese anzuführen. Nach Bundesländern geordnet wurden diese Orte (vorläufige Aufstellung) in Tabelle 3 zusammengefaßt.

Es sind somit 17 fertige, in Betrieb befindliche Kläranlagen, wovon nur drei Tropfkörper besitzen.

Tabelle 3. Bestehende zentrale Kläranlagen

| Bundesland | Zahl | Orte | Klärsystem | E |
|---|---|---|---|---|
| Wien | 1<br>2<br>3<br>4 | Inzersdorf<br>Mödling-Eichkogel<br>Wr.-Neudorf<br>Stadlau (im Bau) | mech.-biol.<br>mech.-biol.<br>mech.-biol.<br>mech. | 20 000<br>3 000<br>16 000 |
| Nieder-österreich | 1<br>2<br>3<br>4<br>5 | Baden<br>Gänserndorf<br>Herzogenburg (im Bau)<br>Gmünd<br>St. Pölten | mech.<br>mech.<br><br>mech.<br>mech.<br>mech. | 20 000<br>1 000<br><br>3 500<br>2 700<br>40 000 |
| Oberösterr. | 1 | Attnang-Puchheim | mech. | 4 900 |
| Steiermark | 1<br>2<br>3<br>4<br>5 | Bad Gleichenberg<br>Hartberg<br>Wartberg<br>St. Lambrecht (Wohnsiedlung)<br>Oberwöls | mech.<br>mech.-biol.<br>mech.<br>mech.<br>mech. | 1 500<br>3 000<br>2 200<br>500<br>1 000 |
| Kärnten | 1 | St. Andrä | mech. | 1 700 |
| Salzburg | 1<br>2 | Salzburg (Camp Röder)<br>Zell/See (Einödsiedlung) | mech.<br>mech. | 11 000<br>300 |
| Vorarlberg | 1 | Bregenz (Südtiroler Siedlung) | mech. | 300 |

Stellt man diesen die zentrale Kanalisation gegenüber, so ergibt sich nach Tabelle 4 etwa folgendes Bild. Zum Vergleiche liegen nur Angaben vor, die vom zuständigen Ressort des Bundesministeriums für Handel und Wiederaufbau (Ministerialrat Dipl.-Ing. Dr. Seidling) bekanntgegeben wurden und die sich auf die seit 1945 in Durchführung stehenden, aus Mitteln die-

Tabelle 4. Seit 1945 errichtete Kanalisationsanlagen

| Bundesland | Anlagen | Hievon Ortskanalisationen |
|---|---|---|
| Wien | 1 | — |
| Niederösterreich | 23 | 2 |
| Oberösterreich | 12 | 1 |
| Salzburg | 4 | 1 |
| Steiermark | 15 | 6 |
| Kärnten | 6 | 2 |
| Tirol | 9 | 2 |
| Vorarlberg | 5 | 1 |
| Burgenland | 1 | |
| Insgesamt | 76 | 15 |

ses Bundesministeriums geförderten und abgerechneten Kanalisationsanlagen beziehen. Seit 1945 wurden demnach insgesamt 76 Kanalisationsanlagen gebaut und in Betrieb genommen, davon 15 Ortskanalisationen.

Die Zahl der tatsächlich vorhandenen Kanalisationsanlagen in Österreich liegt aber wesentlich höher. Eine genaue Aufstellung ist leider derzeit nicht bekannt. Aus dem Vorliegenden kann jedenfalls ersehen werden, daß der Ausbau der Abwasserbeseitigungsanlagen keineswegs mit dem Ausbau zentraler Kläranlagen verbunden wird. 17 überhaupt bestehende Kläranlagen stehen 76 nach 1945 errichteten Kanalisationsanlagen gegenüber.

Ein großer Anteil der fäkalen Abwässer Österreichs geht heute noch durch Hauskläranlagen, deren Wirksamkeit und Wartung aber leider nur allzusehr zu wünschen übrig läßt. Der Kläreffekt von solchen Anlagen liegt nur bei 30 %. Werden sie, was meist zutrifft, nicht entschlammt, sind sie wirkungslos. Dazu kommt noch, daß die Gesamtaufwendungen solcher Anlagen rund das Doppelte einer zentralen Kläranlage betragen. Sie sollen daher nur dort errichtet werden, wo kein Kanalisationsnetz vorhanden oder im Ausbau begriffen ist.

Was die Kläranlagen der gewerblichen und industriellen Betriebe betrifft, so haben wir in Österreich diesbezüglich wenig erfreuliches zu verzeichnen.

Größte Sorge machen uns die Zellulose erzeugenden Fabriken, deren Abwässer oft viele Kilometer Flußwasser hochgradig verschmutzen und leider dadurch auch, wie in einem Falle, zahlreiche umliegende Brunnen. Auf diesem

Abb. 4. Einleitung von Farbabwässern einer Textilfabrik. Sinnersdorf, Oststeiermark

Gebiete der Abwasserbeseitigung gilt es die größten Anstrengungen zu machen. Sollte kein verwendbares Verfahren, das vor allem die sekundäre Verunreinigung, die Verpilzung verhindern kann, in nächster Zeit in Anwendung kommen, so müßte die in bestimmten ausländischen Betrieben bereits eingeführte und dort wirtschaftlich tragbare Verbrennung der Lauge zwingend vorgeschrieben werden. Auf die Dauer sind sogenannte Opferstrecken unhaltbar.

Besser liegen die Verhältnisse bei den Papierfabriken, die sich zum Teil im eigenen Interesse bereits große Mühe geben, den für sie gleichfalls wertvollen Faserstoff durch Stoffänger oder Abwasserrücknahme weitgehendst zu erhalten. Verbesserungen, speziell hinsichtlich der Entfärbung und laufende Überwachung sind jedoch bei diesen Betrieben unbedingt nötig.

Durch ihre Faserstoffe und Farbstoffe, aber auch durch ihren Gehalt an leicht zersetzlichen Stoffen wirken in ähnlichem Sinne die in großer Anzahl in Österreich befindlichen Textilfabriken, wovon viele an kleineren Gewässern liegen. Gerade bei diesen Unternehmungen mangelt es noch sehr an wirksamen Reinigungsanlagen. Entfärbungen werden fast nirgends vorgenommen.

Das gleiche gilt für die Gerbereien und Lederfabriken, deren hochkonzentrierte Abfallstoffe zumeist in ungeklärtem Zustande dem Vorfluter zugeleitet werden. Auch mit den vielfach vorhandenen rein mechanisch wirkenden Absetzanlagen ist nicht gedient, wenn sie nicht zumindest zeitgerecht geräumt werden. Auf die Milzbrandgefahr muß in diesem Zusammenhang besonders hingewiesen werden.

Sehr ungünstig wirken sich fernerhin die Abwässer jener Molkereien und Brauereien aus, die unbedachtsamerweise an kleinen Gerinnen gebaut wurden oder keine oder nur schlecht wirksame Kläranlagen aufweisen. Und solche gibt es leider sehr viele. Heute werden sogar noch neue Molkereien gebaut, ohne vorhergehende wasserrechtliche Bewilligung und ohne genügende Vorkehrungen der Abwasserbeseitigung. Verträgt es der Vorfluter, so müßten diese Abwässer möglichst rasch gut durchlüftet und nicht im Vorklärbecken angefault abgeleitet werden. Man kann immer wieder feststellen, daß aber solche Vorflutzuleitungen vielfach verwachsen und verschlammt sind, so daß das frische Abwasser sehr rasch in Gärung kommen muß. Auch die Räumung dieser Zulaufgerinne zum Vorfluter zählt zu den unentbehrlichen Wartungsaufgaben der Betriebsleitungen. Die bestehenden Kläranlagen sind fast durchwegs mehrkammerige Becken. Fällungsverfahren sind nur vereinzelt bisher in Anwendung.

Zuletzt sollen noch die Abwässer der metallverarbeitenden Industrie an dieser Stelle Erwähnung finden, die besonders in Steiermark anfallen und zu weitgehenden Schädigungen der Gewässer führen. Leider werden fast bei keinem dieser Betriebe moderne Verfahren der Rückgewinnung wertvoller Stoffe angewendet. Die Folge ist eine weitgehende Verarmung und Verödung der betroffenen Fischgewässer. Neuerdings hat die Wiener Firma Ruthner ein Verfahren zur ständigen Verwendung der Beizsäure in der Eisen- und Stahlindustrie entwickelt, das nunmehr in einem Großbetrieb an der Mürz zur praktischen Erprobung kommt.

Zusammenfassend läßt sich zum Kapitel der industriellen Abwasserbeseitigungsanlagen sagen, daß die unerläßliche Sanierung der Betriebe nur dann erreicht werden kann, wenn

1. zunächst durch Einführung sorgfältigst erwägter **innerbetrieblicher Maßnahmen** eine weitgehendste Rückhaltung (Verwertung) der Abfallstoffe und eine entsprechende Vorbehandlung (Neutralisierung, Entgiftung, Entphenolung) der Abwässer stattfindet,

2. eine **Begutachtung des Abwasseranfalles** und der Möglichkeiten der Reinigung seitens eines erfahrenen Abwassersachverständigen in gemeinsamer, williger Zusammenarbeit mit den Betriebsleitungen und der Behörde vorgenommen wird, die

3. zur Errichtung und zum Betrieb einer **ordnungsgemäßen Kläranlage** führt und

4. die **Wirksamkeit der Kläranlage** durch periodische Untersuchungen geprüft wird.

Kläranlagen sind keine Automaten, die ihrem Schicksal überlassen werden dürfen. Jeder Betrieb und jeder Vorfluter hat seine persönliche Eigenart. Es kann daher keine schematische Lösung des Abwasserbeseitigungsproblems geben oder angestrebt werden.

Zur **Frage der Finanzierung von Kläranlagen** wäre zu betonen, daß die Unternehmungen die unschädliche Beseitigung ihrer Abwässer als einen nicht unwichtigen Teil ihres Fabrikationsprozesses anzusehen haben und daher die Kosten für die erforderlichen Maßnahmen entsprechend einkalkulieren müssen. Im übrigen ist bisher noch kein Betrieb bekannt geworden, der wegen der Errichtung oder Wartung seiner Kläranlagen Konkurs ansagen mußte, wohl aber solche, die ohne entsprechende Kläranlagen kapitalskräftig geworden sind.

Was die **Subventionierung der öffentlichen Abwasserbeseitigungsanlagen** nach dem Wasserbautenförderungsgesetz betrifft, so stehe ich auf dem Standpunkt, daß keine staatlichen Mittel für Kanalisationen gegeben werden sollen, wenn nicht die betreffenden Gemeinden gleichzeitig zur Projektierung und Errichtung der zugehörigen Kläranlagen verpflichtet werden. Diese Frage ist von eminenter Wichtigkeit, da eine Verseuchung der Böden und Gewässer unter allen Umständen verhindert werden muß. Regenwässer können und sollen versickern, um den Grundwasserspiegel zu bessern, aber Abwässer gehören in den Kanal bzw. in die Kläranlage.

**Wasserrechtsverhältnisse**

Das Recht zur Wasserentnahme bzw. zur Einbringung fremder Stoffe in die Gewässer wird in Österreich im WRG 1934 bzw. in der wasserrechtlichen Novelle 1947 behandelt. Obwohl diese gesetzlichen Bestimmungen im Vergleich zu jenen des Auslandes nicht ungünstig sind, so bedarf gerade die Regelung des Abwasserrechtes dringend einer Neufassung. Diesbezüglich sind auch bei der Obersten Wasserrechtsbehörde Vorarbeiten in Verbindung mit maßgebenden Stellen im Gange, deren Abschluß bald erfolgen sollte.

Ich möchte hier nur auf einige Forderungen hinweisen, die im Interesse der Reinhaltung unserer Gewässer besonders berücksichtigungswürdig wären:

1. Das Abwasserrecht muß einen eigenen Abschnitt im WRG erhalten.

2. Die Dauer der Bewilligung einer Abwasserbeseitigungsanlage bzw. der Einbringung in ein Gewässer muß mit maximal 30 Jahren begrenzt werden. Außerdem ist durch einen generellen Vorbehalt die Möglichkeit offen zu lassen, zur gegebenen Zeit eine Verbesserung der Abwasseranlagen bzw. eine Neuordnung der Einbringung

gewässerfremder Stoffe vorzunehmen. Es darf kein dauerndes Recht zur Verunreinigung eines Gewässers erwachsen, da die Maßstäbe für die Anforderungen an seinen Reinheitsgrad, vor allem in volksgesundheitlicher Hinsicht, strenger werden könnten und auch die Reinigungsverfahren ständig laufend verbessert werden. Auch der Vorfluter könnte seine Wasserführung beispielsweise durch Ableitung für Wasserkraftwerke verändern.

3. Es muß Vorsorge getroffen werden, daß einen Betrieb betreffende **baurechtliche, gewerbebehördliche und wasserrechtliche** Bescheide nur gemeinsam in Rechtskraft erwachsen, denn nachträgliche Änderungen stoßen hinsichtlich der Baudurchführung und der Finanzierung zumeist auf große Schwierigkeiten.

4. Nicht nur die Festlegung des Termins und die Verpflichtung zur Anzeige des Betriebsbeginnes einer Reinigungsanlage ist wichtig, sondern auch die Bestellung eines **verantwortlichen und eingeschulten Klärwärters** sowie die im wasserrechtlichen Verfahren vorzuschreibende Verpflichtung, in regelmäßigen Zeitabständen der Wasserrechtsbehörde einen **Kontrollbefund** einer amtlichen Untersuchungsstelle vorzulegen.

5. Der Wasserrechtsbehörde sind mit dem Bewilligungsansuchen **genaue Unterlagen** u. a. über den Wasserbedarf, die Menge und Art des Wasserverbrauches, eine Produktionsbeschreibung, die zur Verwendung kommenden Chemikalien, ein Betriebs- und Abwasserschema, die Art der vorgesehenen Abwasserbeseitigung einschließlich der projektierten Kläranlage und die am Vorfluter befindlichen Ober- und Unterlieger bekanntzugeben, sowie eine Lageskizze über die geplante Anlage mit einem Kanalisationsplan zu übermitteln.

6. Grundsätzlich ist eine mechanische Reinigung deren Wirkungsgrad sich nach der Beschaffenheit des Vorfluters richten muß, vorzusehen, ebenso genügend Platz für die Erweiterung zur vollbiologischen Kläranlage.

7. Stoßweise Einbringungen in den Vorfluter sind grundsätzlich zu untersagen. Für einen entsprechenden Ausgleichsbehälter ist vorzusorgen.

8. Infektiöse Abwässer müssen vor ihrer Einleitung in den Vorfluter wirksam entkeimt werden. Hiezu zählen besonders die Abwässer der Infektionskrankenhäuser, Lungenheilanstalten, bakteriologisch-serologischen Laboratorien, Schlachthöfe und Gerbereien, letztere soweit sie mit ausländischen Fellen arbeiten.

9. Die nach § 120 des WRG vorgesehenen Strafen müssen außer den Betriebsleiter und den Täter in jedem Falle den Wasserberechtigten (Betriebsinhaber) treffen. Es kommt immer wieder vor, daß die schuldhabenden, angestellten Personen nur mit einer lächerlich geringen Strafe, auch bei größten Schäden, bedacht werden können, weil diese nur über ein geringes Einkommen verfügen.

Ein noch so gutes Abwasserrecht und die modernste Kläranlage ist illusorisch, wenn nicht für eine entsprechende Überwachung der Gewässer und auch der kleinsten Anlagen gesorgt wird. Hiezu sind in Österreich die Ortspolizei- und Wasserrechtsbehörden befugt. Neuerdings wurden auch bestimmte Organe der Bundesanstalt für Wasserbiologie und Abwasserforschung hiezu ermächtigt. Diese allein aber genügen nicht. Wir müssen in Österreich zur ständigen Überwachung hauptberufliche Personen, womöglich für jedes Bundesland, einsetzen, und zwar in erster Linie Akademiker mit entsprechender Schulung in chemisch-biologisch und technologischer Hinsicht. Bayern, Nordrhein-Westfalen und die Vereinigten Staaten sind uns beispielsweise in dieser Art bereits vorausgegangen. Die Länderregierungen hätten in ihrem ureigensten Interesse so bald wie möglich Planposten zu schaffen. Die Spezialausbildung dieser Organe könnte in der Bundesanstalt in Kaisermühlen vorgenommen werden.

Eine weitere Möglichkeit der Überwachung läge in der Bildung von Reinhaltungsverbänden für bestimmte Gewässerbereiche, die aus den Wasserberechtigten zu bilden wären. Solche Verbände haben sich im Auslande bestens bewährt. Sie könnten aber keineswegs die besonders wichtige Aufsicht und Kontrolle durch öffentliche Dienststellen ersetzen.

### Abwasseruntersuchungsstellen

Außer der schon erwähnten Bundesanstalt für Wasserbiologie und Abwasserforschung in Kaisermühlen befassen sich in Österreich noch fallweise je nach der Art der erforderlichen Untersuchung die Fischereibiologische Bundesanstalt in Oberösterreich, verschiedene Institute an diversen Hochschulen, einige Lebensmitteluntersuchungsanstalten und bakteriologische Laboratorien mit Abwasserfragen.

In der Erkenntnis, daß eine gut ausgebildete Zentralstelle in Österreich für den gesamten Fragenkomplex „Abwasserwirtschaft" von größtem Vorteil ist, hat das Bundesministerium für Land- und Forstwirtschaft die in Wien-Kaisermühlen befindliche Bundesanstalt begründet und mit den besten Instrumenten modernst ausgerüstet. Sie verfügt über ein gut eingearbeitetes Fachpersonal und über ein motorisiertes Laboratorium, das jederzeit und überall die Wasser- und Abwasseruntersuchungen an Ort und Stelle zuläßt. In der kurzen Zeit ihrer Tätigkeitsaufnahme in Kaisermühlen, wurden bereits eine große Anzahl von maßgeblichen Betrieben in abwassertechnischer Hinsicht untersucht und beraten, sowie den Behörden fachliche Gutachten erstattet. Zu ihrer Tätigkeit gehören weiters die Wassergüteunter-

Abb. 5. Aquarienversuchsraum der Bundesanstalt für Wasserbiologie und Abwasserforschung, Wien-Kaisermühlen

suchungen und die Anlage eines eigenen „Wassergütekatasters". Ein solcher ist bereits im Werden begriffen. Auch obliegt ihr die zentrale Führung der sogenannten „Abwasserkartei", die von den Landesregierungen nunmehr für sämtliche maßgebliche Verunreiniger angelegt wird.

Die Hauptaufgabe sieht aber diese Bundesanstalt in der Abwasserforschung. Leider sind die zur Verfügung stehenden Arbeitsplätze äußerst beschränkt, so daß eine wesentliche Erweiterung ihres Gebäudes bereits in nächster Zeit vorgesehen ist.

## Organisation

Die zentrale Organisation, die sich in Österreich mit den Fragen des Abwasserwesens befaßt, ist die seit kurzem geschaffene Fachgruppe „Abwasserwirtschaft" im Rahmen des Österreichischen Wasserwirtschaftsverbandes (Vorsitzender Prof. Dr. J. Kar). Ihre Arbeitsgruppen werden von erfahrenen Fachleuten geführt und mit diesen zusammen sollen alle, hauptsächlich auf dem Gebiete der Abwasserwirtschaft tätigen und interessierten Personen und Vereinigungen einen Arbeitskreis bilden. Zu den Hauptaufgaben dieser Fachgruppe gehört die Herausschälung der vordringlichsten Probleme, die Abstimmung der durchzuführenden Arbeiten, die Übertragung dieser auf bestimmte Mitarbeiter oder Institute, die Ausarbeitung von Richtlinien und Merkblättern und die Abhaltung von Abwassertagungen.

Der Werbung für den Gedanken der Reinhaltung in der breiten Öffentlichkeit soll auch der 1953 neugegründete „Österreichische Gewässerschutzverband" dienen, der in dieser Hinsicht von den bestehenden Fischerei- und Naturschutzorganisationen sowie von allen maßgeblichen Stellen bestens unterstützt werden sollte.

Zum Schlusse dieses hiemit gegebenen, wohl sehr lückenhaften Überblickes über den Stand der Abwasserwirtschaft in Österreich möchte ich für die nächste Arbeit auf diesem Gebiet als besonders wichtig hinstellen:

1. Die möglichst rasche Anlage der „Abwasserkartei" um ehemöglichst alle wesentlichen Wasserverbraucher und Verunreiniger, deren Lage am Vorfluter und dessen Gefährdung zu erfassen. Diese Arbeit kann in den größeren Bundesländern in zwei Jahren beendet sein. Eine lau-

fende Evidenzführung dieser Kartei ist natürlich weiterhin erforderlich.

2. **Überprüfung und Begutachtung der bedeutsamsten Abwasserbeseitigungsanlagen** sowie erforderliche Vorschreibung zusätzlicher Verbesserungen durch die Wasserrechtsbehörden.

3. **Beschleunigte, terminisierte Projektierungen zentraler Abwasserreinigungsanlagen für sämtliche Gemeinden Österreichs**, soweit in diesen Ortskanalisationen bestehen, im Bau begriffen oder geplant sind und Vorlage solcher Projekte an die Landesbehörden. Bei der Aufstellung weiterer genereller Kanalisationspläne durch die Gemeinden ist die Projektierung von zentralen Kläranlagen unbedingt mit einzubeziehen.

4. **Wassergüteuntersuchungen** zunächst an allen bereits wesentlich verunreinigten Gewässern.

5. **Beschränkung von Abwassereinbringungen.**

Letztere sind nur zuzulassen, wenn sie nicht
a) die **Trink- und Brauchwasserversorgung** gefährden;
b) in hygienischer Hinsicht Gefahr bedeuten;
c) die **Fischerei** wesentlich beeinträchtigen und zu Sauerstoffgehalten in Edelfischgewässern unter 7 mg/l bzw. in Weißfischgewässern unter 6 mg/l führen;
d) eine **sekundäre Verunreinigung** durch Pilzbildungen hervorrufen;
e) den **Vorfluter stärker verfärben**;
f) den **Salzgehalt** über 200 mg/l steigern;
g) den **Härtegrad** über 12 dH° verändern;
h) den **Phenolgehalt** des Gewässers über 0,1 mg/l erhöhen oder
i) biologisch giftig auf die Organismen des Wassers wirken oder eine Verarmung der Lebensgemeinschaft und damit eine Verödung des Gewässers herbeiführen.

Die Beurteilung, ob ein Abwasser schädlich bzw. genügend gereinigt ist, muß außer von seiner Beschaffenheit und

Menge, von der Niederstwasserführung und Vorbelastung des Vorfluters und von dessen Nutzungsart abhängig gemacht werden. Ein allgemein gültiges Schema für die Bewertung und Zulässigkeit der Einleitung von Abwässern kann es nicht geben. Jedes Gewässer muß für sich beurteilt werden, wobei man auch noch seine ständige Veränderlichkeit, gleich einem lebenden Organismus, zu berücksichtigen hat.

6. **Der Abwasserforschung** wäre ein ganz besonderes Augenmerk zuzulenken. Sie hat sowohl in den staatlichen Instituten als auch in den Betriebslaboratorien zu erfolgen. Da sie zur Erhaltung der Volksgesundheit und für die Gewinnung wertvoller Stoffe allerwichtigste Aufgaben zu erfüllen hat, müssen für sie die entsprechenden Mitteln bereitgestellt werden[4]. Staat und Wirtschaft haben in dieser Hinsicht allerhöchste Verpflichtung. Denken wir stets daran: Verseuchte Gewässer — kranke Menschen und weiters, daß tote Gewässer eine tote Natur bedeuten.

Ich möchte nunmehr meine Ausführungen mit einem Ausspruch Demolls, des im Vorjahr 70 Jahre alt gewordenen Pioniers auf dem Gebiete der Gewässerpflege, schließen, der besagte:

„**Eine fehlgeleitete Wasserwirtschaft ist für ein Volk entscheidender als eine Niederlage im Kriege und eine gut geleitete ist wichtiger als Siege.**"

---

[4] Der Bundesstaat Schweiz hat vor kurzem 1,2 Mio Franken für den Neubau einer Abwasserversuchsanlage der Eidgenössischen Anstalt für Wasserversorgung, Abwasserreinigung und Gewässerschutz der ETH Zürich bewilligt

# Die Abwasserwirtschaft in Kärnten

## 1. Charakteristik der Gewässer Kärntens

In Ermangelung eines Abwasserlastplanes für die Gewässer Kärntens wurde nach gepflogenen örtlichen Erhebungen der Versuch unternommen, im Wege einer summarischen Erfassung der Abwasserspenden einen solchen zu erstellen.

Vor Eingang in die Behandlung der Abwasserfrage sei eine allgemeine Charakteristik der Gewässer Kärntens als Vorfluter zur Aufnahme von Abwässern, ihr Gerinnezustand und ihre Wasserführung, gegeben.

Sämtliche Gewässer Kärntens gehören mit Ausnahme einiger kleiner, nach Steiermark fließender Bäche, dem Flußsysteme der Drau an, welche somit den Hauptvorfluter für alle in Kärnten anfallenden Abwässer darstellt, soweit diese nicht im Wege der Selbstreinigung in den Zubringern einen Stoffabbau erfahren.

Die Drau ist in ihrer Gesamtlänge auf Mittelwasser reguliert und weist nur einige längere Naturstrecken auf, in welchen infolge der Gerinnebeständigkeit bisher nur einzelne örtliche Verbauungen und Ufersicherungen vorgenommen werden mußten.

Bei Hochwässern werden die Niederungen an der Drau kurzfristig inundiert und, soweit in diesen Verlandungsbauten durchgeführt wurden oder es der bestehende Bewuchs ermöglicht, durch die Schlammablagerungen aufgelandet, was sich im besonderen auf die Rinner und Altarme bezieht. Da der Unterschied in der Wasserführung nicht nur für die Drau, sondern auch für alle übrigen Gewässer Kärntens ein so wesentlicher ist und das Hochwasser stets ein Vielfaches vom Niederwasser beträgt, so ist die Sohlbreite eine verhältnismäßig große und sind die Niederwassertiefen gering. Dadurch und der vorwiegend mit Grob- oder Mittelgeschiebe abgepflasterten Gerinnesohle sowie der relativ großen Gefälle zufolge, ist durch die erhöhte Turbulenz die Möglichkeit einer besseren Flüssigkeitsbelüftung gegeben. Nachteilig wirken sich diese großen Gerinnebreiten jedoch insoferne aus, als mit dem Absinken des Hochwassers und der Verminderung der Schleppkraft sich an strömungsmäßig begünstigten Stellen Sand- und Schotterbänke bilden, an denen sich bei geringen Wasserführungen bedeutende Mengen von Schwemmgut und Verunreinigungen ablagern. Von den Nebenflüssen der Drau und deren Zubringern seien hier nur jene in Betracht gezogen, welche in bezug auf die Abwasserwirtschaft von Bedeutung sind.

Hier sei unter jenen, welche eine größere Wasserführung aufweisen und an welchen vorwiegend Siedlungen und Industrien gelegen sind, an erster Stelle die Gail mit der im Bau befindlichen Hochwasserregulierung mit Retensionsbecken genannt. Bezüglich des Bauzustandes dieser Regulierung ist zu bemerken, daß das Gerinneprofil des Flusses in der ganzen Länge bis Weßmann, das ist auf rund 80 km projektgemäß hergestellt ist und die Begleitdämme im Durchschnitte bis über die Hälfte der vorgesehenen Höhe, in einzelnen kurzen Strecken zur Gänze geschüttet sind. Die Anlage und Einrichtung der Retensionsbecken bleibt einer späteren Zeit vorbehalten. Aus diesem Grunde treten bei größeren Hochwässern stellenweise örtliche Überflutungen auf, welche sich vorwiegend auf die Räume der künftigen Retensionsbecken erstrecken.

Von den linksufrigen Nebenflüssen der Drau in Oberkärnten seien die Möll und die Lieser, letztere mit der

Malta als Nebenfluß, genannt. Von diesen ist jedoch nur die Lieser in ihrem Unterlaufe für die Abwasserwirtschaft von Bedeutung. Sie ist in ihrer Mündungsstrecke von Spital abwärts auf Hochwasser ausgebaut. Ebenso sind die Hochwasserregulierungen der Malta und der Möll im Ausbau begriffen.

Von den Nebenflüssen der Drau in Unterkärnten, welche als Vorfluter besonders hervorzuheben sind, seien die Gurk mit der Metnitz, der Glödnitz und der Glan sowie die Lavant am linken Ufer und die Kaplervellach am rechten Ufer genannt. Von den genannten ist nur die Glan von Glanegg bis Klagenfurt in einer Länge von 35 km und die Lavant in ihrem Mittellaufe an zwei Abschnitten von 2,5 bzw. 5,2 km im Raume von Fischering bis vor St. Paul auf Hochwasser reguliert. Letztgenannter Regulierungsabschnitt ist noch in Fertigstellung begriffen.

Die Gurk hat nur in ihrem Unterlaufe zwei Hochwasserregulierungsabschnitte von je 2 km aufzuweisen, von welchen sich jener von Grafenstein aufwärts noch im Ausbau befindet.

An allen übrigen kleineren Gewässern, soweit diese im Zusammenhange mit der Abwasserwirtschaft zu erwähnen sind, bestehen keine durchgehenden Regulierungen und sind die Maßnahmen zur Regelung der Wasserführung auf örtliche Verbauungen beschränkt. Es sind dies die Gössering und der Nötschbach als linksufrige und die Gailitz als rechtsufriger Zubringer der Gail, schließlich der in den Millstättersee mündende Riegerbach und die in den Ossiachersee mündende Tiebel.

Zuletzt sei noch der Bleiburger Feistritzbach genannt, der als letzter größerer rechtsufriger Zufluß der Drau mit Abwässern beschickt wird.

Alle genannten Gewässer weisen, soweit sie nicht natürliche Hochufer besitzen oder auf Hochwasser reguliert sind, beim Ablauf der Hochwässer größere oder geringere Ausuferungen auf, denen dieselbe Bedeutung, wie den bereits eingangs an der Drau erwähnten, zukommt.

Ein Großteil der Gewässer, ob größere oder kleinere, sind zum Zwecke der Kraft- oder Betriebswassernutzung mit Stauanlagen verbaut, wodurch die natürlichen Abflußverhältnisse wesentlich geändert werden, was sich besonders bei andauerndem

Niederwasser infolge der Ableitung in die Werksgerinne und damit der Entwässerung des Mutterbettes, besonders wenn dieses eine größere Abwasserbelastung aufweist, sehr nachteilig auswirkt. Ebenso sind auch die Stauräume dieser Anlagen, soweit eine bedeutende Verzögerung der Fließgeschwindigkeit eintritt und mit größeren Mengen von Abwässern mit organischen Stoffen beschickt werden, als Faulräume für die Öffentlichkeit von Nachteil, da die Möglichkeit des Gemeingebrauches des Wassers infolge seiner Verschlechterung beschränkt wird. Damit werden auch die Interessen des Fremdenverkehrs berührt.

Wie sich im weiteren Verlaufe meiner Ausführungen ergeben wird, kann als für die Abwasserwirtschaft günstige Voraussetzung der Umstand angesehen werden, daß in den meisten Fällen einer überstarken Belastung der Vorfluter durch die Einmündung eines unbelasteten oder nur wenig in Anspruch genommenen Zuflusses mit reichlicher Wasserführung eine solche Verdünnung eintritt, daß die nachteiligen Auswirkungen der enthaltenen Abfallstoffe wenn nicht aufgehoben, so doch wesentlich abgeschwächt werden.

Wenn man in bezug auf die Wasserführung der Gewässer überhaupt von einem Durchschnittsverhältnisse sprechen kann, so geschieht dies hier nur um eine annähernde Vergleichsmöglichkeit zu schaffen, welche die Beurteilung des Abwasserstoffgehaltes und der jeweiligen Verdünnung, aber auch die Spülfähigkeit des Gewässers bei erhöhter Wasserführung ermöglichen soll. Dieses Verhältnis beträgt vom niedrigsten Niederwasser zum Mittelwasser das 5- bis 7fache, zum jährlichen Hochwasser das 15- bis 25fache und zum hundertjährigen Hochwasser das 50- bis 100fache.

Tabelle 1. Wasserführung der Drau

| m³/s | NNW | MW | HW | HHW |
|---|---|---|---|---|
| Sachsenburg... | 21,5 | 82 | 344 | 1100 |
| Villach...... | 29,7 | 157 | 485 | 2100 |
| Lavamünd.... | 63,2 | 330 | 940 | 4000 |

Zum Vergleiche sei in Tab. 1 die Wasserführung der Drau angeführt. Schon bei einer Mittelwasserführung ist das Schädlichkeitsmoment in den meisten Gewässern infolge der Verdünnung überwunden oder mindestens sehr herabgemindert.

## 2. Siedlung und Industrie

So wie die Dichte der Bevölkerung in Unterkärnten eine größere ist, so ist auch die Zahl der größeren Siedlungen, welche über Orts- oder Teilkanalisationen verfügen, eine größere. Von den Städten und Märkten des Landes weisen nur zwei eine größere Bevölkerungsziffer auf, und zwar Klagenfurt mit rund 62 800 und Villach mit 30 000 Einwohnern. Alle übrigen Orte erreichen die 10 000-Einwohnergrenze nicht, und wären unter den bedeutenderen die Bezirksstädte und Industriestädte Spital a. d. Drau, St. Veit an der Glan, Wolfsberg, Paternion und Landskron mit rund 8000 Einwohnern, Arnoldstein und Ferlach mit rund 5300 Einwohnern zu nennen.

Von den genannten Siedlungsräumen entwässern die Landeshauptstadt Klagenfurt über mehrere Kanalisationssysteme in den Feuerbach mit dem Vorfluter Glanfurt und in die Glan, die Stadt Villach, Spital, Paternion, Landskron und Ferlach in die Drau.

Die Gesamtzahl der Orte mit über 1000 Einwohnern welche eine Orts- oder Teilkanalisation mit Einleitung in einen Vorfluter besitzen, beträgt außer den bereits genannten 38.

Abgesehen davon, daß das Land Kärnten nur schwach industrialisiert ist, besitzt es doch einige bedeutende Betriebe, welche hinsichtlich ihrer Abwasserspende und deren Zusammensetzung den Gütezustand ihrer Vorfluter bedeutend beeinflussen.

Zu diesen gehören vor allem die **Bergbaubetriebe**, welche sich mit der Förderung und der Verhüttung von Blei- und Zinkerzen im Raume von Bleiberg mit dem Nötschbach einerseits und dem Bleiberger Weißenbach anderseits als Vorfluter befassen. Ebenso gelangen die Abwässer des Blei- und Zinkbergbaues von Raibl und der Verhüttung von Coccau in Italien in den Zubringer der Drau, die Gailitz, welche gleichzeitig die Abwässer der Bleihütte und der chemischen Betriebe in Arnoldstein aufnimmt. Eisen wird in Hüttenberg an der Görtschitz gewonnen, doch sind die Abwässer dieses Bergbaues unbedeutend und beeinflussen den Vorfluter nicht.

Der **Kohlenbergbau** ist zurzeit auf das Lavanttal beschränkt und schickt seine gesamten Abwässer in die Lavant.

Besondere Bedeutung im Bergbau besitzt noch der Magnesitbruch und das Magnesitwerk zur Verarbeitung des Rohmagnesits in Radenthein, dessen Abwässer zur Gänze in den in den Millstättersee mündenden Riegerbach gelangen.

Die **chemische Industrie**, deren Abwässer in biologischer Hinsicht eine besonders nachteilige Wirkung auf die Vorfluter ausüben, ist mit drei Großbetrieben vertreten, von welchen die Wasserstoffsuperoxyderzeugung in Weißenstein ihre Abwässer über den kleinen Bahnbach in die Drau führt, die Chlorfabrik in Brückl ihre Abwässer in die Gurk und die bereits erwähnten Anlagen der chemischen Fabriken in Arnoldstein die Abwässer von der Erzeugung der Litopone-Bariumsulfurikum, Bariumsulfat und Schwefelsäure in die Gailitz abführen.

Von allen Industriezweigen ist die Holzschleiferei, die Zellulose-, Pappen-, Spezialpappen- und Faserplattenerzeugung sowie die Papierindustrie mit insgesamt 31 Betrieben am stärksten vertreten. Die bedeutendsten unter ihnen sind die Sulfitzellstoffabriken in St. Magdalen bei Villach, welche unmittelbar in die Drau entwässert, in Rechberg an der Kapplervellach, die Natronzellstoffabrik in Frantschach an der Lavant und die Faserplattenfabriken in Glandorf an der Glan und in Kühnsdorf am Peratschitzenbach, einem kleinen Zubringer der Drau. Diese Betriebe stellen mit ihren Abwässern eine große Belastung der Vorfluter dar.

Die Betriebe der Gärungsindustrie, fünf Bierbrauereien, eine Spiritus- und Hefefabrik und an die hundert größeren und kleineren Brennereien, sind über ganz Kärnten verteilt. Wo sich diese Betriebe in kanalisierten Orten befinden, werden ihre leicht fäulnisfähigen Abwässer mit den Siedlungsabwässern in die Vorfluter geleitet.

Obwohl die Textilindustrie insgesamt 56 Betriebe aufweist, welche je nach ihrer Art nebst der Spinnerei und Weberei auch Färbereien, Bleichereien und Appreturen betreiben, sind von diesen nur einige größere hervorzuheben, und zwar die Leinen- und Baumwollweberei in Feldkirchen an der Diebel, die Schafwollweberei in Passering am Silberbach (Gurk) und die Flachsröste in Friesach an der Metnitz.

Die metallverarbeitende Industrie, welche Beizewässer zur Ableitung bringt, hat in Seebach bei Villach am Treffnerbach eine Emailgeschirrfabrik mit Verzinnerei und in Ferlach am Loiblbach ein Walzwerk mit Beizerei. Einzelne kleine Kettenerzeugungen, Hammerwerke u. dgl. mit unbedeutenden Abwasserspenden seien nur erwähnt.

In der Baustoffindustrie sind die Großbetriebe der Wietersdorfer Zementwerke und der Duritwerke an der Görtschitz zu nennen, deren Abwässer jedoch verhältnismäßig gering sind und nur mineralische Stoffe enthalten, welche sich auf die Görtschitz bisher nicht nachteilig ausgewirkt haben.

Es bleiben schließlich noch die Lederindustrie und die Schlachthöfe anzuführen, welche sich vorwiegend in den großen Siedlungsräumen befinden und ihre an organischen fäulnisfähigen Stoffen reichen Abwässer im Raume von Klagenfurt in die Glan und in Villach in die Drau einleiten.

Der Vielzahl gewerblicher Kleinbetriebe wird insoferne Rechnung getragen als sie vorwiegend die Ortskanalisationen belasten und diese in die Abwasserlast der Vorfluter einbezogen werden.

Die Erhebungen zur Behandlung der Abwasserfrage wurden über 64 Groß- und Mittelbetriebe sowie über die städtischen und Ortskanalisationen teils unmittelbar an Ort und Stelle gepflogen oder vorhandenen amtlichen Unterlagen entnommen.

## 3. Charakteristik der Abwässer

Wenn auch die unmittelbaren Erhebungen bei den einzelnen Betrieben auf beachtliche Schwierigkeiten stoßen, so ist es doch gelungen, ein annäherndes Bild über die anfallenden Abwässer zu erhalten, und teils auf Grund unmittelbarer Angaben oder unter Zuhilfenahme von Angaben aus der Literatur, einen Abwasserlastplan aufzustellen. Soweit Analysen über die Abwasseruntersuchung bei den einzelnen Betrieben zur Verfügung standen, wurden diese verwertet, wozu jedoch zu bemerken ist, daß in vielen Fällen die entnommenen Proben wohl dem gegebenen Zeitpunkt der Abwasserspende, nicht aber jener der effektiven Leistungskapazität des Betriebes entsprachen.

Daraus geht hervor, daß auch die Entnahme von Abwasserproben auf nicht zu unterschätzende Schwierigkeiten stoßt und selbst mit Untersuchungen des Abwassers ein geringerer Stoffgehalt nachgewiesen wird als tatsächlich im Durchschnitte anfällt.

Zur Charakteristik der Abwässer übergehend, ist vor allem zu bemerken, daß die Stoffarten und Mengen im einzelnen nach Betrieben anzuführen zu weit gehen und ein bedeutendes Ausmaß an Zeit in Anspruch nehmen würde, weshalb nur auf jene Stoffe verwiesen werden soll, welche teils durch ihre Schädlichkeit, teils durch die anfallenden übergroßen Mengen die Wassergüte der Vorfluter sehr stark beeinträchtigen.

Hier kommen in erster Linie die Flotationsabgänge der Erzverhüttungen in Betracht, welche mit einem Anfall von Gesteinsmehl, dessen Korngröße kleiner als 0,15 mm ist, von 100 bis 150 g/l die kleineren Vorfluter schwer belasten. Diese Abwässer führen außerdem ölartige Reagenzien, Natriumzyanith sowie Blei- und Zinksulfit. Die Abwässer des Kohlenbergbaues und der Kohlenwäsche sind vorwiegend mit Kohlenstaub, Lehm und Gesteinsmehl der verschiedenen Gesteinsarten belastet, wozu noch mit den Grubenwässern eine Reihe von Metallsalzen kommen. Bei der Verarbeitung des Rohmagnesits zu kaustischem Magnesit und dessen Vermahlung sind die Abgänge an Gesteinsmehl sehr bedeutend und üben ihrer Feinheit halber dieselben Wirkungen aus wie die vorgenannten Flotationsabgänge.

Wenn bei der Holzschleif- und Pappenindustrie je nach Einrichtung des Betriebes die Abgänge sehr bedeutend sind, und der Fasergehalt des konzentrierten Abwassers 2 bis 3 g/l beträgt, so sind diese, soweit es sich um Weiß-Schliff handelt, bei ausreichender Verdünnung in den Vorflutern, wie die Erhebungen bis jetzt erwiesen haben, ohne besondere nachteiligen Auswirkungen geblieben. Auch die mitfolgenden Harzteilchen und Kolloide scheinen den Gewässerzustand nicht sehr zu beeinträchtigen.

Wesentlich anders ist die Beschaffenheit der Abwässer bei den Braunschliff erzeugenden Betrieben, bei den Preß- und Spezialpappen- sowie bei den Hartfaserplattenfabriken, bei welchen außer den Feinfasern auch Zellulose, Ameisensäure, Methylalkohol, Sulfite, Aluminiumsulfat, Farbstoffe, Harzleim, Schwefel- und Salzsäure, Metallchloride und andere in größeren oder geringeren Mengen anfallen. Ähnlich sind die Abwässer der Zellulose- und Papierfabriken, welche außerdem noch schwefelige Säure, die als Beschwerungsmittel verwendeten Kalk und Kaolin, verschiedene Ablaugen und bei der Natronzelluloseerzeugung auch Merkaptan enthalten.

Die Abgänge der chemischen Industrien beinhalten je nach der Produktionsgattung hauptsächlich Chlor und Chlorverbindungen, Ätznatron und Salzsäure, wovon besonders die Schädlichkeit des Chlors hervorzuheben ist.

Von den Betrieben der Textilindustrie, den

Webereien und Flachsrösten, der Gärungsindustrie und aus der Lebensmittelindustrie sind die Abgänge vorwiegend organischer Herkunft und bewirken infolge ihrer leichten Fäulnisfähigkeit, durch den Entzug des Sauerstoffes und der Schwefelwasserstoffentwicklung, eine erhebliche Verminderung der Wassergüte der Vorfluter.

Das gleiche gilt auch für die Lederfabrikation, bei welcher außer organischen Substanzen, Fleisch- und Hautresten, auch Chlornatrium, Ätzkalk, Arsen, Schwefelsäure, Chrom und schwefelsaure Tonerde anfallen.

Auf die Siedlungsabwässer näher einzugehen erübrigt sich, da ihre Zusammensetzung in der Literatur ausreichend behandelt erscheint und es sich im gegenwärtigen Falle nur um die Beurteilung der den örtlichen Verhältnissen entsprechenden Abwasseranfallsmengen handelt.

Bezüglich der Vorbehandlung der Abwässer im allgemeinen muß gesagt werden, daß diese eine sehr mangelhafte ist und nur dort Anwendung findet, wenn die Verwertung von Abfallstoffen ein Gebot der Wirtschaftlichkeit für den Betrieb darstellt. Diese Vorbehandlung besteht bei den Holzschleifereien in der Einrichtung von Fangstoffmaschinen, welche eine Rückgewinnung des Abwassers bis zu 80 % ermöglichen. Ebenso wird ein Großteil der Verlustfasern zurückgehalten. Bei der Braunpappenerzeugung, der Hartfaserplattenfabrikation sowie bei der Spezialpappenerzeugung, wo die Faserrückgewinnung aus dem Abwasser nur sehr beschränkt ist, sind zur Klärung desselben Absetztrichter, mechan. Kläranlagen, Eindicker oder Klärteiche vorgesehen. Eine chemische Reinigung der Abwässer erfolgt nur in Einzelfällen, wo Rohstoffe oder Handelsprodukte rückgewonnen werden können.

Die Erhebungen haben ergeben, daß von den erfaßten 64 Industriebetrieben nur 33 eine Abwasservorbehandlung durchführen, diese aber in den meisten Fällen fast unwirksam ist. Im einzelnen verteilen sich die Abwasservorbehandlungen auf 31 mechanische und 2 chemische. Von den mechanischen sind 15 Fangstoffmaschinen, 2 Absetzrichteranlagen, 13 Kläranlagen und 1 Klärteich. Für die Siedlungsabwasserreinigung stehen keine Großkläranlagen zur Verfügung, und werden die Abwässer landwirtschaftlich nicht verwertet. Soweit eine Vorklärung erfolgt, so geschieht dies in Hausklärgruben, welche aber in der Regel unzulänglich ist.

Die Einleitung in die Vorfluter erfolgt je nach der Lage des Betriebes, entweder über eine Kanalisation, manchmal auch mittels offener Gerinne oder direkt in den Vorfluter. Dort, wo die Einleitungen außerhalb des Betriebsterritoriums erfolgen, ist die Möglichkeit der Überwachung der Abwasserbeschaffenheit gegeben. In jenen Fällen jedoch, wo hiezu unbedingt das Betreten des Betriebsgeländes erforderlich wird, ist diese Überwachung fast unmöglich, und es wird notwendig sein, den Empfehlungen der Wasserwirtschaftstagung 1949 in Bad Ischl Rechnung tragend, diesbezügliche Ergänzungen des Wasserrechtsgesetzes zu veranlassen.

### 4. Derzeitige Belastung der Gewässer

Wie aus der gegebenen Charakteristik der Abwässer hervorgeht, ist die Belastung einzelner Vorfluter eine beträchtliche, und wird es sich als notwendig erweisen, einer weiteren Verminderung der Wassergüte vorzubeugen. Die bei NNW am meisten mit Abwasserstoffen belasteten und den höchsten Schädlichkeitswert aufweisenden Flußstrecken sind folgende:

Die Drau von der Mündung des Fellachbaches oberhalb Villach bis zur Staatsgrenze, wobei die Wassergüte stetig abnimmt und im Vergleiche mit dem Zustande bei Villach sich ungefähr um das Doppelte verschlechtert.

Die Gail weist eine verhältnismäßig geringe organische Verschmutzung auf, ist jedoch von der Nötschbachmündung bis zur Drau durch die Flotationsabgänge stark getrübt.

Abb. 1. Mündung des mit Flotationsabgängen belasteten Nötschbaches in die Gail

Da das Gesteinsmehl selbst in biologischer Hinsicht nicht sehr schädlich ist und das enthaltene Zinksulfat erst in einer Menge von 110 mg/l für Fische schädlich wird, wäre die Wassergüte der Gail noch tragbar. Der Fischreichtum hat sich jedoch im Vergleich zu früheren Zeiten zusehends verringert (Abb. 1 bis 3).

Weiters ist die Gurk von der Mündung der Metnitz bis zur Glan stark belastet, insbesondere mit den Abwässern von Brückl, welcher Zustand jedoch scheinbar starken Schwankungen infolge stoßweiser Abwasserabgabe unterworfen ist.

Die Einmündung der Glan verschlechtert die Wassergüte der Gurk noch bedeutend und tritt bis zu ihrer Mündung in die Drau keine Verbesserung ein. Im Vergleiche mit der Wassergüte der Drau in diesem Abschnitte erscheint jener der Gurk doppelt so schlecht. Die Glan erfährt ihre Belastung von der Einmündung der Metnitz an und steigert sich

Abb. 2. Die Gail 150 m unterhalb der Nötschbachmündung (Abwasserfahne)

im Raume von Klagenfurt auf das Vierfache, wobei der organische Anteil des Stoffgehaltes bei 43% des Gesamtstoffgehaltes beträgt.

Die Lavant führt wie auch die bisher geschilderten Gewässer in ihrem Oberlaufe nur wenig verunreinigtes Wasser, doch nimmt die Verunreinigung auf der kurzen Strecke von Frantschach bis St. Stefan, ungefähr 9 km, zusehends zu, verschlechtert sich die Wassergüte und steigert sich der Schädlichkeitswert des Stoffgehaltes auf das Dreifache. Das enthaltene Merkaptan wirkt geruchsbelästigend und machen sich die Nachteile des fallweise durch die Wasserentnahme der Betriebe völlig entleerten Mutterbettes unangenehm bemerkbar. Im Unterlaufe bis zur Mündung verbessert sich der Zustand der Lavant einigermaßen, in ichthyologischer Hinsicht aber bleibt das Gewässer arm[1].

Am stärksten sind die kleinen Bäche, die unmittelbaren Vorfluter, durch die Abwasserspenden in Mitleidenschaft gezogen, von welchen die bereits vorher genannten, der

Abb. 3. Verödung des Nötschbachmündungsgebietes infolge der Hochwasserüberflutung mit Flottationsabgängen

Nötschbach und der Riegerbach, durch die Gesteinsmehllast ohne jedes Leben zu sein scheinen (Abb. 4). Die Gailitz und der Bleiberger Weißenbach befinden sich in einem besseren Zustande infolge ihrer verhältnismäßig größeren Abflußmenge, doch sind auch sie sehr arm an biologischem Leben. In bezug auf die letztgenannten vier Bäche ist bemerkenswert, daß ihre jährliche Gesteinsmehlfracht rund 240 000 Tonnen beträgt.

---

[1] Über den biochemischen Zustand der Lavant gibt ein Gutachten von Prof. Findenegg vollen Aufschluß.

Abb. 4. Gesteinsmehlfracht des Riegerbaches

Abb. 5. Einmündung von Faserplattenfabriksabwässern in den Peratschitzenbach

Der Peratschitzenbach ist von Kühnsdorf bis zur Drau vollkommen verschlammt und verpilzt und infolge der Fäulnis für jeden Gemeingebrauch unbrauchbar (Abb. 5).

Im Zusammenhange mit der Schilderung des Gewässerzustandes ist noch der gesamte Holzfaserverlust in Kärnten anzuführen, der nach den Ermittlungen jährlich 14 000 t beträgt und für dessen Erzeugung ein Holzbedarf von rund 47 000 m$^3$ angenommen werden kann.

Diese Bewertung der Vorfluter, welche das Ergebnis einer vorläufigen rechnungsmäßigen Bilanz der Belastung durch die Abwasserspende darstellt, ermöglicht nur einen annähernden Vergleich des Gewässerzustandes, aus welchem Grunde von einer biochemischen Charakteristik und von Mengenangaben Abstand genommen werden mußte, soweit nicht auf authentische Angaben zurückgegriffen werden konnte. Auf jeden Fall aber kann ein Teil der gesammelten Unterlagen für die Anlage des Wassergütekatasters Verwendung finden.

## 5. Bereits getroffene Maßnahmen

Zur Reinhaltung der Gewässer und zur Vorbeugung künftig zunehmender Verunreinigung wurden auf Grund der gegebenen Rechtslage fallweise Veranlassungen zur Errichtung von Abwasservorbehandlungsanlagen getroffen, welche zum Teile bereits im Betriebe, zum Teile noch im Bau oder in Vorbereitung stehen. Da die Zahl und Art der bestehenden Anlagen bereits behandelt wurde, bleibt nur noch zu ergänzen, daß letztere nicht immer den derzeitigen Anforderungen genügen. Die Errichtung von Abwasseraufbereitungsanlagen bei Großbetrieben, die chemische Vorbehandlung und fallweise die Einleitung zusätzlicher Erzeugungsprozesse, erfordert in der Regel großen materiellen Aufwand sowie ausreichende örtliche Raumverhältnisse, weshalb in deren Ermangelung die zu treffenden Maßnahmen auf Schwierigkeiten stoßen.

Die der Wasserbauverwaltung fallweise zur Kenntnis gebrachten Massenfischsterben sowie die stetige Abnahme des Fischreichtums der fließenden Gewässer, welche der Aufnahme von Abwässern ausgesetzt sind, was voraussichtlich auf die stoßweise Abgabe größerer und giftiger Abwassermengen zurückzuführen ist, hat der Kärntner Landesregierung Veranlassung gegeben, eine Schutzverordnung für die Fischgewässer zu erlassen.

Zum Schlusse sei noch gesagt, daß zum Zwecke der Erreichung eines höheren Verdünnungsgrades in den Gewässern zu erwägen sein wird, wie weit ein Zusammenwirken zwischen der Wasserkraftwirtschaft und dem Regulierungsbau zur Erzielung einer erhöhten Wasserführung in Niederwasserzeiten gegeben sein wird.

If you have any concerns about our products,
you can contact us on
**ProductSafety@springernature.com**

In case Publisher is established outside the EU,
the EU authorized representative is:
**Springer Nature Customer Service Center GmbH
Europaplatz 3, 69115 Heidelberg, Germany**

Printed by Libri Plureos GmbH
in Hamburg, Germany